암산급수

대한암산수학연구소

12급

세광m

걸린시간 : _____ 분 _____ 초

1	2	3	4	5
2	1	5	2	8
5	1	1	1	0
1	7	2	6	1

6	7	8	9	10
1	6	4	2	3
2	2	0	1	1
5	1	5	1	5

점수		확인	

걸린시간 : _____ 분 _____ 초

1	2	3	4	5
4	1	6	2	5
-2	7	3	7	2
5	-3	-1	-3	-1

6	7	8	9	10
5	3	8	9	7
4	-1	-3	-2	1
-4	5	1	0	-3

점수		확인	

걸린시간 : _____ 분 _____ 초

1	2	3	4	5
7	5	9	2	3
2	3	0	6	6
-6	-2	-4	-5	-9

6	7	8	9	10
1	3	4	6	7
6	6	5	3	2
-5	-3	-8	-7	-4

점수		확인	

걸린시간 : _____ 분 _____ 초

1	2	3	4	5
1	3	2	6	3
2	0	1	1	5
6	1	5	2	1

6	7	8	9	10
7	1	5	8	5
0	1	1	1	2
2	6	2	0	1

점수		확인	

걸린시간 : _____ 분 _____ 초

1	2	3	4	5
2	5	8	3	1
6	3	1	-2	7
-3	-2	-4	1	-1

6	7	8	9	10
3	2	4	1	6
5	7	0	8	-1
-2	-4	-1	-3	2

점수		확인	

걸린시간 : _____ 분 _____ 초

1	2	3	4	5
6	5	3	4	2
-5	4	6	5	7
3	-1	-8	-6	-3

6	7	8	9	10
8	3	9	7	1
0	5	-4	1	6
-5	-7	0	-6	-2

점수		확인	

걸린시간 : _____ 분 _____ 초

1	2	3	4	5
5	6	2	3	1
1	2	1	0	6
3	1	1	6	1

6	7	8	9	10
7	4	2	1	3
1	0	5	2	1
1	5	1	1	5

점수		확인	

걸린시간 : _____ 분 _____ 초

1	2	3	4	5
1	3	4	8	5
8	6	-3	-2	2
-2	-4	5	1	-2

6	7	8	9	10
3	2	5	6	7
5	6	4	3	-1
-1	-2	-3	-3	2

점
수

확
인

걸린시간 : _____ 분 _____ 초

1	2	3	4	5
3	5	2	9	6
6	4	6	0	1
-4	-7	-5	-2	-5

6	7	8	9	10
3	1	7	4	9
6	8	2	5	-4
-2	-6	-3	-7	1

점수		확인	

걸린시간 : _____ 분 _____ 초

1	2	3	4	5
2	6	4	1	5
1	1	5	2	1
5	2	0	5	1

6	7	8	9	10
6	2	3	5	7
1	1	5	2	1
1	6	1	1	0

점수		확인	

걸린시간 : _____ 분 _____ 초

1	2	3	4	5
5	2	3	1	7
2	6	-2	8	-2
-1	-3	5	-4	1

6	7	8	9	10
2	8	3	4	3
6	-3	6	5	1
-1	1	-2	-4	-2

점수		확인	

걸린시간 : _____ 분 _____ 초

1	2	3	4	5
2	8	2	5	1
7	1	5	3	7
-8	-5	-1	-7	-3

6	7	8	9	10
4	2	9	3	1
5	6	0	6	8
-1	-6	-4	-5	-9

점수

확인

걸린시간 : _____ 분 _____ 초

1	2	3	4	5
3	2	2	5	1
1	5	6	4	6
5	1	1	0	1

6	7	8	9	10
7	5	1	3	7
0	1	7	1	0
2	2	1	0	1

점수		확인	

걸린시간 : _____ 분 _____ 초

1	2	3	4	5
3	5	8	1	2
-1	3	1	7	6
6	-2	-4	-3	-2

6	7	8	9	10
7	2	4	3	6
-2	7	5	1	-1
2	-4	-3	-1	3

점수		확인	

걸린시간 : _____ 분 _____ 초

1	2	3	4	5
3	5	8	2	1
5	4	-5	6	6
-2	-8	0	-3	-1

6	7	8	9	10
6	5	4	7	9
3	3	5	1	0
-7	-2	-6	-6	-5

점수		확인	

걸린시간 : _____ 분 _____ 초

1	2	3	4	5
2	1	3	5	8
1	1	5	1	0
5	2	1	2	1

6	7	8	9	10
5	6	3	1	2
1	2	0	5	2
1	0	6	1	5

점수		확인	

걸린시간 : _____ 분 _____ 초

1	2	3	4	5
2	1	6	7	4
5	8	3	1	-2
-1	-2	-4	-3	5

6	7	8	9	10
8	4	2	9	3
-2	5	6	0	-2
1	-4	-1	-3	5

점수		확인	

걸린시간 : _____ 분 _____ 초

1	2	3	4	5
2	9	1	5	3
5	0	7	4	6
-2	-8	-5	-3	-4

6	7	8	9	10
7	4	8	1	6
2	-1	1	7	2
-6	5	-7	-3	-3

점수		확인	

걸린시간 : _____ 분 _____ 초

1	2	3	4	5
2	2	6	5	7
6	0	0	1	0
1	2	3	2	1

6	7	8	9	10
6	2	1	3	5
1	1	1	0	2
2	6	5	1	2

점수		확인	

걸린시간 : _____ 분 _____ 초

1	2	3	4	5
6	3	7	8	2
-1	5	2	-3	6
2	-2	-4	1	-2

6	7	8	9	10
4	1	2	5	6
0	8	7	3	3
-1	-4	-3	-1	-2

점수		확인	

걸린시간 : _____ 분 _____ 초

1	2	3	4	5
7	3	6	5	2
2	5	3	4	6
-4	-5	-2	-8	-3

6	7	8	9	10
4	8	9	1	5
5	1	0	8	3
-7	-3	-4	-5	-6

점수

확인

걸린시간 : _____ 분 _____ 초

1	2	3	4	5
3	2	1	5	8
1	5	3	1	0
5	2	0	2	1

6	7	8	9	10
5	2	1	6	2
0	1	2	1	2
4	1	5	0	5

점수		확인	

걸린시간 : _____ 분 _____ 초

1	2	3	4	5
7	2	9	3	6
2	-1	0	5	-1
-3	5	-4	-2	3

6	7	8	9	10
8	3	2	4	5
1	1	7	-1	4
-3	-2	-4	0	-3

점수		확인	

걸린시간 : _____ 분 _____ 초

1	2	3	4	5
6	2	3	8	1
1	7	5	0	8
-2	-4	-6	-5	-9

6	7	8	9	10
5	7	4	3	9
2	1	-2	6	0
-1	-7	5	-4	-3

점수		확인	

걸린시간 : _____ 분 _____ 초

1	2	3	4	5
2	3	1	7	5
1	0	6	2	1
5	1	1	0	3

6	7	8	9	10
4	3	1	5	1
0	5	7	2	0
5	1	1	2	8

점수

확인

걸린시간 : _____ 분 _____ 초

1	2	3	4	5
7	3	3	6	5
-2	1	6	2	3
1	-3	-4	-3	-1

6	7	8	9	10
2	3	5	4	8
6	5	4	5	-2
-3	-2	-1	-4	1

점수		확인	

걸린시간 : _____ 분 _____ 초

1	2	3	4	5
5	8	3	2	4
3	1	1	7	5
−2	−9	−4	−8	−1

6	7	8	9	10
7	1	9	6	2
2	6	0	3	6
−3	−5	−6	−7	−3

점수		확인	

걸린시간 : _____ 분 _____ 초

1	2	3	4	5
2	5	1	6	7
2	0	1	2	1
5	4	5	1	0

6	7	8	9	10
2	4	1	6	5
1	5	2	1	3
6	0	1	2	1

점수		확인	

걸린시간 : _____ 분 _____ 초

1	2	3	4	5
3	4	6	5	2
-1	0	-1	4	7
5	-2	3	-4	-3

6	7	8	9	10
2	7	1	8	6
6	2	6	-3	3
-2	-1	-2	1	-4

점수		확인	

걸린시간 : _____ 분 _____ 초

1	2	3	4	5
2	7	5	3	2
5	1	4	5	7
-7	-2	-8	-1	-6

6	7	8	9	10
4	9	1	8	6
5	-4	6	1	-5
-6	0	-2	-7	3

점수	
확인	

걸린시간 : _____ 분 _____ 초

1	2	3	4	5
3	2	5	1	6
1	5	0	2	0
5	2	2	6	3

6	7	8	9	10
1	3	7	2	5
1	0	1	1	1
2	6	1	5	3

점수

확인

걸린시간 : _____ 분 _____ 초

1	2	3	4	5
2	1	5	6	5
5	3	3	3	2
−1	−2	−2	−4	−1

6	7	8	9	10
3	7	9	1	4
−2	1	0	6	−2
6	−3	−4	−1	5

점수		확인	

걸린시간 : _____ 분 _____ 초

1	2	3	4	5
5	2	6	3	1
3	6	3	6	8
-7	-3	-9	-5	-4

6	7	8	9	10
8	4	7	2	8
1	0	1	7	0
-6	-2	-3	-5	-6

점수

확인

걸린시간 : _____ 분 _____ 초

1	2	3	4	5
5	1	3	4	6
0	0	5	5	1
1	3	1	0	1

6	7	8	9	10
5	2	1	7	3
2	0	1	0	1
2	6	5	2	0

점수		확인	

걸린시간 : _____ 분 _____ 초

1	2	3	4	5
6	4	8	2	1
3	-1	1	7	8
-2	0	-4	-3	-2

6	7	8	9	10
7	3	8	5	2
-1	6	-3	2	6
3	-4	1	-2	-3

점수		확인	

걸린시간 : _____ 분 _____ 초

1	2	3	4	5
3	1	2	5	9
5	7	7	3	0
-1	-5	-2	-5	-7

6	7	8	9	10
4	6	7	8	9
5	1	2	0	0
-6	-5	-4	-3	-8

점수		확인	

걸린시간 : _____ 분 _____ 초

1	2	3	4	5
6	2	1	3	5
2	0	1	1	1
1	5	7	5	0

6	7	8	9	10
3	1	5	8	2
0	6	1	1	1
6	1	2	0	6

점수		확인	

걸린시간 : _____ 분 _____ 초

1	2	3	4	5
3	1	2	5	9
-1	7	7	3	-4
5	-3	-4	-2	0

6	7	8	9	10
6	7	1	4	8
2	-1	6	-2	1
-3	2	-2	5	-4

점수		확인	

걸린시간 : _____ 분 _____ 초

1	2	3	4	5
6	2	1	3	5
2	5	8	6	2
-6	-5	-7	-4	-1

6	7	8	9	10
9	6	4	9	8
0	0	5	-3	1
-2	-1	-8	2	-4

점수

확인

걸린시간 : _____ 분 _____ 초

1	2	3	4	5
2	6	1	3	4
1	3	3	0	5
5	0	5	1	0

6	7	8	9	10
6	2	6	7	5
1	5	1	1	2
2	2	1	0	2

점수		확인	

걸린시간 : _____ 분 _____ 초

1	2	3	4	5
2	8	9	5	7
6	1	0	4	1
−1	−2	−3	−1	−3

6	7	8	9	10
4	2	3	5	6
−2	7	−1	4	3
0	−1	2	−3	−2

점수

확인

걸린시간 : _____ 분 _____ 초

1	2	3	4	5
5	1	7	3	2
3	6	2	5	7
-2	-5	-3	-5	-8

6	7	8	9	10
6	4	1	2	8
3	5	7	5	1
-7	-2	-6	-1	-3

점수		확인	

걸린시간 : _____ 분 _____ 초

1	2	3	4	5
1	5	2	3	1
3	2	6	1	0
0	1	1	5	3

6	7	8	9	10
3	2	5	1	7
0	1	1	1	0
6	1	3	2	2

점수		확인	

걸린시간 : _____ 분 _____ 초

1	2	3	4	5
6	2	8	4	5
2	-1	1	0	3
-3	5	-4	-1	-2

6	7	8	9	10
3	5	7	6	2
-2	4	1	-1	7
6	-4	-3	1	-2

점수		확인	

걸린시간 : _____ 분 _____ 초

1	2	3	4	5
7	3	5	2	4
2	6	4	6	-1
-2	-4	-7	-3	5

6	7	8	9	10
1	9	6	4	2
8	0	1	-2	5
-6	-8	-5	5	-6

점수

확인

걸린시간 : _____ 분 _____ 초

1	2	3	4	5
1	2	5	3	6
5	0	4	1	2
2	5	0	0	1

6	7	8	9	10
2	3	1	7	5
2	6	2	0	1
5	0	5	1	1

점수		확인	

걸린시간 : _____ 분 _____ 초

1	2	3	4	5
7	1	3	2	4
-2	8	6	7	-1
1	-1	-4	-3	5

6	7	8	9	10
5	8	3	1	6
1	-3	5	7	3
-1	1	-2	-3	-4

점 수		확 인	

걸린시간 : _____ 분 _____ 초

1	2	3	4	5
6	1	3	5	2
3	8	5	3	7
-2	-7	-5	-1	-4

6	7	8	9	10
4	7	9	5	3
5	1	0	4	6
-8	-3	-4	-6	-7

점수		확인	

걸린시간 : _____ 분 _____ 초

1	2	3	4	5
2	3	6	5	1
5	0	1	2	1
2	1	2	1	6

6	7	8	9	10
3	5	2	1	4
5	1	2	0	0
1	0	0	7	5

점수		확인	

걸린시간 : _____ 분 _____ 초

1	2	3	4	5
5	9	3	2	6
4	0	-2	-1	2
-1	-4	1	5	-3

6	7	8	9	10
2	8	5	7	4
5	-2	4	2	-2
-1	1	-4	-3	5

점수		확인	

걸린시간 : _____ 분 _____ 초

1	2	3	4	5
2	5	3	9	6
7	4	6	0	1
-3	-7	-5	-8	-2

6	7	8	9	10
4	2	1	7	8
-2	5	6	2	1
5	-1	-5	-6	-4

점수		확인	

걸린시간 : _____ 분 _____ 초

1	2	3	4	5
2	1	6	2	4
6	0	1	2	5
1	5	1	5	0

6	7	8	9	10
5	3	2	1	5
2	0	1	1	1
2	5	6	0	2

점수		확인	

걸린시간 : _____ 분 _____ 초

1	2	3	4	5
8	2	4	9	6
-3	7	-1	0	3
2	-4	5	-2	-3

6	7	8	9	10
3	7	2	1	5
6	1	6	8	3
-1	-3	-2	-4	-1

점수		확인	

걸린시간 : _____ 분 _____ 초

1	2	3	4	5
3	1	7	4	2
6	7	-5	5	6
-4	-2	2	-6	-3

6	7	8	9	10
5	6	3	9	7
3	3	5	0	2
-7	-9	-1	-4	-8

점수		확인	

걸린시간 : _____ 분 _____ 초

1	2	3	4	5
1	2	6	5	3
6	0	1	3	1
2	6	2	1	0

6	7	8	9	10
2	1	5	3	7
5	5	0	1	1
2	2	4	5	0

점수		확인	

걸린시간 : _____ 분 _____ 초

1	2	3	4	5
2	1	3	4	6
7	7	-2	0	3
-1	-3	5	-1	-4

6	7	8	9	10
3	8	7	6	5
6	-2	2	-1	3
-3	1	-4	2	-2

점수		확인	

걸린시간 : _____ 분 _____ 초

1	2	3	4	5
6	7	3	1	4
-5	1	5	6	5
3	-3	-2	-5	-7

6	7	8	9	10
2	5	3	9	8
5	4	6	0	1
-1	-8	-1	-2	-7

점수		확인	

걸린시간 : _____ 분 _____ 초

1	2	3	4	5
2	1	5	2	7
0	5	2	2	1
7	2	2	0	1

6	7	8	9	10
6	1	2	8	1
2	2	1	1	0
1	5	1	0	7

점수		확인	

걸린시간 : _____ 분 _____ 초

1	2	3	4	5
2	4	3	8	5
5	-2	6	-3	2
-1	5	-4	2	-2

6	7	8	9	10
1	2	6	7	3
7	7	2	-2	-1
-1	-4	-3	1	5

점 수		확 인	

걸린시간 : _____ 분 _____ 초

1	2	3	4	5
3	8	5	6	2
5	0	3	3	5
-1	-5	-6	-4	-2

6	7	8	9	10
7	4	1	9	3
2	5	8	-2	6
-8	-1	-5	0	-4

점수		확인	

걸린시간 : _____ 분 _____ 초

1	2	3	4	5
2	7	3	1	6
1	0	1	5	0
5	2	5	1	2

6	7	8	9	10
7	1	3	2	5
1	0	0	2	2
0	6	5	5	1

점수		확인	

걸린시간 : _____ 분 _____ 초

1	2	3	4	5
3	1	2	4	5
6	3	7	-2	4
-2	-1	-3	0	-3

6	7	8	9	10
6	9	7	8	2
2	0	-1	1	6
-2	-4	2	-3	-3

점수		확인	

걸린시간 : _____ 분 _____ 초

1	2	3	4	5
8	6	2	4	3
1	2	6	5	5
-4	-5	-3	-7	-2

6	7	8	9	10
7	5	9	2	1
1	4	0	7	5
-6	-4	-3	-8	-1

점 수		확 인	

걸린시간 : _____ 분 _____ 초

1	2	3	4	5
1	2	5	3	6
7	1	4	0	1
1	1	0	1	2

6	7	8	9	10
2	1	5	7	1
5	6	2	1	0
1	0	2	1	3

점수		확인	

걸린시간 : _____ 분 _____ 초

1	2	3	4	5
2	3	7	5	1
5	-1	2	4	8
-2	6	-3	-4	-2

6	7	8	9	10
9	4	6	8	5
-4	-2	3	-3	3
0	5	-4	2	-1

점수		확인	

걸린시간 : _____ 분 _____ 초

1	2	3	4	5
4	6	1	3	5
5	3	8	6	3
-1	-4	-2	-5	-7

6	7	8	9	10
2	8	9	7	6
5	0	0	2	3
-2	-5	-6	-8	-3

점수		확인	

걸린시간 : _____ 분 _____ 초

1	2	3	4	5
2	1	3	5	4
1	1	0	1	5
6	2	6	1	0

6	7	8	9	10
1	6	2	3	7
3	1	5	1	1
5	2	1	0	1

점수		확인	

걸린시간 : _____ 분 _____ 초

1	2	3	4	5
3	1	7	4	2
6	7	2	-1	6
-1	-2	-4	5	-3

6	7	8	9	10
6	8	3	9	4
-1	-3	1	0	5
3	1	-2	-3	-2

점 수		확 인	

걸린시간 : _____ 분 _____ 초

1	2	3	4	5
6	3	7	2	4
2	5	2	7	5
-5	-2	-4	-9	-3

6	7	8	9	10
2	5	1	8	3
6	4	7	1	6
-1	-7	-6	-5	-8

점수		확인	

걸린시간 : _____ 분 _____ 초

1	2	3	4	5
2	8	2	3	5
1	0	1	1	1
5	1	1	5	2

6	7	8	9	10
6	1	7	1	2
1	6	0	2	6
0	1	2	6	1

점수		확인	

걸린시간 : _____ 분 _____ 초

1	2	3	4	5
2	4	3	1	5
−1	0	1	8	3
6	−2	−4	−3	−1

6	7	8	9	10
3	7	8	6	9
−2	2	1	2	−4
1	−3	−3	−2	0

점수		확인	

걸린시간 : _____ 분 _____ 초

1	2	3	4	5
8	6	2	4	3
0	1	7	5	6
−5	−2	−8	−6	−3

6	7	8	9	10
1	5	7	2	9
8	3	1	5	0
−9	−1	−3	−5	−4

점수		확인	

걸린시간 : _____ 분 _____ 초

1	2	3	4	5
2	6	1	3	5
2	1	1	0	2
5	1	6	5	2

6	7	8	9	10
7	6	4	1	6
1	1	0	5	0
0	2	5	1	3

점수		확인	

걸린시간 : _____ 분 _____ 초

1	2	3	4	5
4	1	5	2	6
-1	8	3	5	3
0	-4	-2	-1	-3

6	7	8	9	10
2	3	6	8	7
7	-2	3	-2	1
-1	5	-4	1	-3

점수		확인	

걸린시간 : _____ 분 _____ 초

1	2	3	4	5
2	3	1	6	5
6	5	7	3	4
-6	-5	-3	-7	-1

6	7	8	9	10
7	1	2	9	3
2	7	5	0	6
-4	-2	-6	-8	-9

점수		확인	

제1회

2쪽_1교시
①8 ②9 ③8 ④9 ⑤9
⑥8 ⑦9 ⑧9 ⑨4 ⑩9

3쪽_2교시
①7 ②5 ③8 ④6 ⑤6
⑥5 ⑦7 ⑧6 ⑨7 ⑩5

4쪽_3교시
①3 ②6 ③5 ④3 ⑤0
⑥2 ⑦6 ⑧1 ⑨1 ⑩5

제2회

5쪽_1교시
①9 ②4 ③8 ④9 ⑤9
⑥9 ⑦8 ⑧8 ⑨9 ⑩8

6쪽_2교시
①5 ②6 ③5 ④2 ⑤7
⑥6 ⑦5 ⑧3 ⑨6 ⑩7

7쪽_3교시
①4 ②8 ③1 ④3 ⑤6
⑥3 ⑦1 ⑧5 ⑨2 ⑩5

제3회

8쪽_1교시
①9 ②9 ③4 ④9 ⑤8
⑥9 ⑦9 ⑧8 ⑨4 ⑩9

9쪽_2교시
①7 ②5 ③6 ④7 ⑤5
⑥7 ⑦6 ⑧6 ⑨6 ⑩8

10쪽_3교시
①5 ②2 ③3 ④7 ⑤2
⑥7 ⑦3 ⑧6 ⑨2 ⑩6

제4회

11쪽_1교시
①8 ②9 ③9 ④8 ⑤7
⑥8 ⑦9 ⑧9 ⑨8 ⑩8

12쪽_2교시
①6 ②5 ③6 ④5 ⑤6
⑥7 ⑦6 ⑧7 ⑨5 ⑩2

13쪽_3교시
①1 ②4 ③6 ④1 ⑤5
⑥8 ⑦2 ⑧5 ⑨4 ⑩0

제5회

14쪽_1교시
①9 ②8 ③9 ④9 ⑤8
⑥9 ⑦8 ⑧9 ⑨4 ⑩8

15쪽_2교시
①8 ②6 ③5 ④5 ⑤6
⑥7 ⑦5 ⑧6 ⑨3 ⑩8

16쪽_3교시
①6 ②1 ③3 ④5 ⑤6
⑥2 ⑦6 ⑧3 ⑨2 ⑩4

제6회

17쪽_1교시
①8 ②4 ③9 ④8 ⑤9
⑥7 ⑦8 ⑧9 ⑨7 ⑩9

18쪽_2교시
①6 ②7 ③5 ④5 ⑤7
⑥7 ⑦5 ⑧7 ⑨6 ⑩6

19쪽_3교시
①5 ②1 ③3 ④6 ⑤5
⑥3 ⑦8 ⑧2 ⑨5 ⑩5

제7회

20쪽_1교시
①9 ②4 ③9 ④8 ⑤8
⑥9 ⑦9 ⑧7 ⑨4 ⑩9

21쪽_2교시
①7 ②6 ③5 ④6 ⑤6
⑥3 ⑦5 ⑧6 ⑨7 ⑩7

22쪽_3교시
①5 ②3 ③7 ④1 ⑤5
⑥2 ⑦6 ⑧5 ⑨4 ⑩2

제8회

23쪽_1교시
①9 ②9 ③4 ④8 ⑤9
⑥9 ⑦4 ⑧8 ⑨7 ⑩9

24쪽_2교시
①6 ②6 ③5 ④6 ⑤8
⑥6 ⑦2 ⑧5 ⑨3 ⑩6

25쪽_3교시
①5 ②5 ③2 ④3 ⑤0
⑥6 ⑦1 ⑧7 ⑨5 ⑩6

제9회

26쪽_1교시
①8 ②4 ③8 ④9 ⑤9
⑥9 ⑦9 ⑧9 ⑨9 ⑩9

27쪽_2교시
①6 ②1 ③5 ④5 ⑤7
⑥5 ⑦6 ⑧8 ⑨5 ⑩7

28쪽_3교시
①6 ②0 ③0 ④1 ⑤8
⑥6 ⑦2 ⑧3 ⑨2 ⑩5

제10회

29쪽_1교시
①9 ②9 ③7 ④9 ⑤8
⑥9 ⑦9 ⑧4 ⑨9 ⑩9

30쪽_2교시
①7 ②2 ③8 ④5 ⑤6
⑥6 ⑦8 ⑧5 ⑨6 ⑩5

31쪽_3교시
①0 ②6 ③1 ④7 ⑤3
⑥3 ⑦5 ⑧5 ⑨2 ⑩4

제11회

32쪽_1교시

①8　②9　③7　④9　⑤9
⑥4　⑦9　⑧9　⑨8　⑩9

33쪽_2교시

①6　②2　③6　④5　⑤6
⑥7　⑦5　⑧5　⑨6　⑩7

34쪽_3교시

①1　②5　③0　④4　⑤5
⑥3　⑦2　⑧5　⑨4　⑩2

제12회

35쪽_1교시

①6　②4　③9　④9　⑤8
⑥9　⑦8　⑧7　⑨9　⑩4

36쪽_2교시

①7　②3　③5　④6　⑤7
⑥9　⑦5　⑧6　⑨5　⑩5

37쪽_3교시

①7　②3　③7　④3　⑤2
⑥3　⑦2　⑧5　⑨5　⑩1

제13회

38쪽_1교시

①9　②7　③9　④8　⑤6
⑥9　⑦8　⑧8　⑨9　⑩9

39쪽_2교시

①7　②5　③5　④6　⑤5
⑥5　⑦8　⑧5　⑨7　⑩5

40쪽_3교시

①2　②2　③2　④5　⑤6
⑥7　⑦5　⑧1　⑨8　⑩5

제14회

41쪽_1교시

①8　②9　③9　④4　⑤9
⑥9　⑦9　⑧8　⑨8　⑩9

42쪽_2교시

①7　②7　③6　④8　⑤5
⑥2　⑦8　⑧4　⑨6　⑩7

43쪽_3교시

①6　②2　③6　④3　⑤1
⑥2　⑦7　⑧2　⑨6　⑩6

제15회

44쪽_1교시

①4　②8　③9　④9　⑤4
⑥9　⑦4　⑧9　⑨4　⑩9

45쪽_2교시

①5　②6　③5　④3　⑤6
⑥7　⑦5　⑧5　⑨6　⑩7

46쪽_3교시

①7　②5　③2　④5　⑤8
⑥3　⑦1　⑧2　⑨7　⑩1

제16회

47쪽_1교시

①8　②7　③9　④4　⑤9
⑥9　⑦9　⑧8　⑨8　⑩7

48쪽_2교시

①6　②8　③5　④6　⑤8
⑥5　⑦6　⑧6　⑨5　⑩5

49쪽_3교시

①7　②2　③3　④7　⑤5
⑥1　⑦5　⑧5　⑨3　⑩2

제17회

50쪽_1교시

①9　②4　③9　④8　⑤8
⑥9　⑦6　⑧4　⑨8　⑩9

51쪽_2교시

①8　②5　③2　④6　⑤5
⑥6　⑦7　⑧5　⑨6　⑩7

52쪽_3교시

①6　②2　③4　④1　⑤5
⑥7　⑦6　⑧2　⑨3　⑩5

제18회

53쪽_1교시

①9　②6　③8　④9　⑤9
⑥9　⑦8　⑧9　⑨2　⑩8

54쪽_2교시

①7　②5　③8　④7　⑤6
⑥8　⑦5　⑧6　⑨5　⑩7

55쪽_3교시

①5　②6　③4　④3　⑤5
⑥1　⑦0　⑧7　⑨5　⑩1

제19회

56쪽_1교시

①9　②8　③9　④9　⑤4
⑥9　⑦8　⑧9　⑨9　⑩8

57쪽_2교시

①8　②5　③6　④3　⑤5
⑥6　⑦7　⑧5　⑨7　⑩6

58쪽_3교시

①4　②5　③6　④2　⑤2
⑥6　⑦1　⑧8　⑨7　⑩2

제20회

59쪽_1교시

①9　②8　③9　④4　⑤9
⑥9　⑦8　⑧4　⑨9　⑩8

60쪽_2교시

①6　②7　③5　④7　⑤5
⑥7　⑦5　⑧5　⑨6　⑩7

61쪽_3교시

①7　②3　③2　④5　⑤5
⑥1　⑦8　⑧4　⑨7　⑩5

제21회

62쪽_1교시
① 8 ② 9 ③ 9 ④ 7 ⑤ 8
⑥ 8 ⑦ 7 ⑧ 8 ⑨ 9 ⑩ 8

63쪽_2교시
① 7 ② 3 ③ 6 ④ 2 ⑤ 6
⑥ 6 ⑦ 5 ⑧ 8 ⑨ 6 ⑩ 5

64쪽_3교시
① 5 ② 3 ③ 5 ④ 2 ⑤ 6
⑥ 2 ⑦ 5 ⑧ 6 ⑨ 1 ⑩ 5

제22회

65쪽_1교시
① 9 ② 4 ③ 9 ④ 4 ⑤ 9
⑥ 8 ⑦ 7 ⑧ 9 ⑨ 9 ⑩ 4

66쪽_2교시
① 5 ② 8 ③ 6 ④ 5 ⑤ 7
⑥ 5 ⑦ 7 ⑧ 5 ⑨ 7 ⑩ 7

67쪽_3교시
① 8 ② 5 ③ 7 ④ 4 ⑤ 1
⑥ 5 ⑦ 3 ⑧ 3 ⑨ 1 ⑩ 6

제23회

68쪽_1교시
① 9 ② 4 ③ 9 ④ 7 ⑤ 9
⑥ 9 ⑦ 9 ⑧ 8 ⑨ 4 ⑩ 9

69쪽_2교시
① 8 ② 6 ③ 5 ④ 8 ⑤ 5
⑥ 8 ⑦ 6 ⑧ 2 ⑨ 6 ⑩ 7

70쪽_3교시
① 3 ② 6 ③ 5 ④ 0 ⑤ 6
⑥ 7 ⑦ 2 ⑧ 2 ⑨ 4 ⑩ 1

제24회

71쪽_1교시
① 8 ② 9 ③ 4 ④ 9 ⑤ 8
⑥ 7 ⑦ 8 ⑧ 9 ⑨ 9 ⑩ 9

72쪽_2교시
① 7 ② 2 ③ 0 ④ 6 ⑤ 7
⑥ 2 ⑦ 6 ⑧ 6 ⑨ 6 ⑩ 5

73쪽_3교시
① 3 ② 5 ③ 1 ④ 3 ⑤ 6
⑥ 0 ⑦ 7 ⑧ 5 ⑨ 2 ⑩ 5

제25회

74쪽_1교시
① 9 ② 8 ③ 8 ④ 8 ⑤ 9
⑥ 8 ⑦ 9 ⑧ 9 ⑨ 7 ⑩ 9

75쪽_2교시
① 3 ② 5 ③ 6 ④ 6 ⑤ 6
⑥ 8 ⑦ 6 ⑧ 5 ⑨ 7 ⑩ 5

76쪽_3교시
① 2 ② 3 ③ 5 ④ 2 ⑤ 8
⑥ 5 ⑦ 6 ⑧ 1 ⑨ 1 ⑩ 0